MANUEL PRATIQUE

DES

ÉDUCATEURS DE VERS A SOIE

MANUEL PRATIQUE

DES

ÉDUCATEURS DE VERS A SOIE

TRAITANT

de leurs maladies, d'une nouvelle découverte
sur la muscardine, etc., etc.

LE TOUT

PRÉCÉDÉ D'UN CALENDRIER

POUR SERVIR DE GUIDE AU CHAUFFAGE DES MAGNANERIES

PAR

J.-A. PONCER,
séricicultenr, propagateur dans le Jura,
de l'éducation des vers à soie.

> L'expérience est la clef du progrès,
> La routine en ferme la porte.

LONS-LE-SAUNIER

IMPRIMERIE ET LITHOGRAPHIE DE H. DAMELET

1867

Ephémérides.

Depuis l'origine du monde, 5868.

Depuis la découverte de la soie, 240 ans avant Jésus-Christ.

Depuis la plantation du mûrier en France, 374 ans après Jésus-Christ,

Depuis la fabrication d'étoffes de soie dans le Comtat Vénaissin, 374 ans après Jésus-Christ.

Depuis les plantations de mûriers en province sous Henri IV, 293.

Depuis l'établissement de pépinières dans la Franche-Comté, 205,

Depuis la fabrication d'étoffes de soie sous Charlemagne, 180.

Depuis l'usage d'habillements de soie, 180.

Depuis les premières maladies connues des vers à soie, 180.

Depuis l'établissement de pépinières dans la Franche-Comté et en Bourgogne, 133.

Invention d'appareils pour le tirage des cocons, par Gensoul, 72.

Invention de métiers pour tisser la soie, par Jacquard, 69.

Introduction dans le Lyonnais de la race de vers à soie Sina, par Poidebard, 56.

Invention d'une soie végétale tirée du mûrier, par de Marnésia, 48.

Education de vers à soie dans le Jura, 45.

Métiers à tisser la soie introduits à Clairvaux (Jura), par Lançon, 36.

Cessation dans le Jura d'élever les vers à soie et destruction des mûriers 22.

Depuis la réintroduction de l'éducation des vers dans le Jura, 1.

CALENDRIER.

QUANTIÈMES du mois.	AGES des vers à soie.	DEGRÉS de chaleur.
15 mai.	Naissance des vers.	On élève graduellement le thermomètre de 16 à 19 degrés et de 19 à 24 et 26, rarement plus haut.
22 »	1re mue, ou 1er âge.	On chauffe jusqu'au 19e degré.
29 »	2e mue, — 2e âge.	On diminue graduellement la chaleur; on la fixe entre le 15e et le 16e degré. Cette température doit être maintenue jusqu'au 4e âge.
5 juin.	3e mue, — 3e âge.	

		Quand les vers manifestent l'in-
12 »	4e mue, — 4e âge.	tention de monter, on éteint le feu et on ne le rallume que par un temps humide occasionné par les orages.
19 »	5e mue, — 5e âge.	
23 »	Formation des cocons.	Le ver emploie 3 ou 4 jours à construire son cocon et y reste 18 à 20 jours.
8 juillet.	Maturité des cocons.	Le papillon éclot alors, en perçant un bout de la coque du cocon. Ce n'est environ qu'au 8 juillet qu'on peut enlever les cocons des bruyères.

NOTA. — On suppose que l'éclosion a eu lieu le 15 mai ; ordinairement elle se fait du 5 au 15.

SOMMAIRE :

de leurs maladies, leurs symptômes, leurs causes; d'une nouvelle découverte sur la muscardine; des moyens d'en atténuer les effets; de la régénération du mûrier et de sa plantation; description du ver à soie; convoi d'un ver à soie; découverte de la soie; introduction du mûrier en France; ordonnance sur les étoffes de soie venant de la Chine et du Levant, etc., etc.

AU LECTEUR

Les soies du cru de France passent pour être les plus belles. Il n'y a point d'organsins comparables à ceux du Vivarais, du Dauphiné et de la Provence. Les trames du Dauphiné, de la Provence et du Languedoc, l'emportent sur celles de l'étranger.

Ainsi la France n'a rien à désirer, ni quant à l'art de mettre la soie en valeur, ni quant à la qualité de la soie. Mais ce qu'elle récolte de cette matière première est loin de suffire aux besoins de ses manufactures ; elle est obligée d'appeler à son secours les organsins du Piémont et de Bergame, les trames de Vicence et de Parme, et les petites soies des Deux-Siciles, du Levant et de Nankin. Depuis 1846, des maladies se sont déclarées sur les vers à soie, et, de toutes parts, la récolte de la soie a prodigieusement diminué : de là une crise commerciale dont on ne saurait prévoir la fin.

Il existe divers traités d'éducation pour les vers à soie ; il a paru de savantes théories sur les maladies; malheureusement elles n'ont pu, en pratique, atteindre le but proposé. En général, ces traités ne font pas connaître les symptômes des maladies, en sorte que les éducateurs des campagnes ne savent auquel ils doivent se fier, ce qui fait qu'en cet état d'incertitude, ils se bornent à suivre la routine du pays ; par là se perpétuent les maladies. Une autre cause y contribue aussi, c'est la vente de graines défectueuses ou falsifiées. Les éducateurs du Midi ont demandé, en 1865, au Sénat, la cessation de cet abus ; il leur a été répondu que M. Pasteur, professeur de chimie, avait découvert un moyen par lequel chacun pouvait désormais parvenir à la guérison de ses vers à soie, en leur signalant des corpuscules qui se formaient dans les papillons ; c'est ainsi que MM. les Sénateurs ont passé à l'ordre du jour sur cette question brûlante.

Après plusieurs années d'études et d'expériences, et après avoir consulté les meilleurs auteurs, nous sommes parvenu à découvrir un procédé pour arrêter les maladies des vers à soie, du moins, pour en diminuer les effets désastreux. Incessamment, des commissions scientifiques seront appelées pour juger du mérite de notre découverte, en faisant des expériences comparatives sur des vers malades, et en diverses localités.

En attendant leur rapport, nous offrons aux éducateurs un *Manuel pratique*, où nous traitons des symptômes des maladies, leurs causes, leur origine et leur effet ; nous parlons aussi de la manière de régénérer le mûrier, qui, lui aussi, est en souffrance.

Pour arriver le plus tôt possible à la cessation du mal, il convient provisoirement que les petits éducateurs, qui forment la majeure partie, s'abstiennent de vendre tous leurs cocons, et se bornent à faire eux-mêmes leur graine. C'est un sacrifice d'environ trois années, après quoi ils seront dédommagés de la perte d'un gain incertain, et obtiendront de la graine saine, et ils pourront aussi la vendre à raison de 25 à 30 fr. les 30 grammes. Si l'on rejette notre conseil, on agira dans le vague et l'incertain, comme une planche que l'eau entraîne, s'approchant tantôt du bord du rivage, et tantôt étant rejetée au loin par la vague.

MANUEL PRATIQUE

DES

ÉDUCATEURS DE VERS A SOIE

CHAPITRE Ier.

Du ver à soie.

Voici des œufs de la même couleur et de la même grosseur que des graines de pavot. Si vous en écrasez entre les ongles il en sortira une matière gluante. Eh bien! c'est dans ces petits œufs qu'est déposé le germe de la chenille appelée *Bombyx Serica*, c'est-à-dire ver à soie, parce que cet insecte merveilleux produit un fil avec lequel on fabrique des étoffes dont le beau sexe a soin de se parer.

Quand la chaleur de l'atmosphère a atteint un certain degré de force, l'œuf, qui était couleur de cendre, devient blanc. Alors on en voit sortir un petit ver noir de la longueur d'une ligne ; avec une loupe on peut parfaitement distinguer sa tête et compter le nombre de ses pattes ; on remarque même sur plusieurs un petit filet blanc autour du cou.

Lorsque le ver est animé par la chaleur, on aperçoit une trace noire sur les bords de l'œuf, qu'il cherche à percer afin d'évacuer sa prison. Quand il y est parvenu, il sort sa tête en dehors à l'aide de ses pattes, ensuite, au moyen de légères ondulations il allonge son corps. Cela lui prend plus ou moins de temps suivant sa constitution. Il se repose par moments, puis reprend son opération avec une nouvelle ardeur ; quelquefois il en est qui succombent au moment où la moitié du corps est déjà hors de l'œuf. Un mouvement d'impression donné par sa queue l'aide puissamment à se débarrasser de l'œuf auquel il est lié par une liqueur gommeuse. Durant cette lutte, on le voit traîner son œuf en tous sens, tantôt à plat, tantôt à la remorque ou en forme de roue dressée, ou, si l'on veut, de la même manière que l'escargot transporte sa coquille. Cette opération dure seulement deux ou trois secondes. Dès qu'il se sent libre de son corps, il court en tous sens ; sitôt qu'il aperçoit la feuille du mûrier, qui doit composer son unique nourriture, il s'y glisse dessus en parcourant les bords jusqu'à ce qu'il ait trouvé l'endroit qui lui convient le mieux. Alors avec ses mandibules allongées en forme de tenailles il coupe la feuille en sens ovale du haut en bas.

Au bout de huit jours ce petit ver noir est devenu blanc : c'est sa première métamorphose ; ensuite il se développe et grossit suivant son âge, c'est-à-dire qu'il éprouve cinq mues se renouvelant de huit en huit jours, jusqu'à ce qu'il forme son cocon ; seconde métamorphose. Lorsqu'il a pris une nourriture suffisante, on le voit ne plus faire de cas de la feuille de mûrier sur laquelle il se promène en tous sens sans y toucher. On a soin de mettre alors à sa disposition des rameaux de bruyère ou des tiges de choux colza, ou encore des rubans que font les charpentiers lorsqu'ils blanchissent les planches. Aussitôt il s'y élance, grimpe le long des rameaux. Quand il a trouvé un endroit propice pour y établir son cocon, il se balance en tous sens, fixe les points d'appui qui doivent soutenir son cocon, puis tourne du haut en bas en déposant une matière qui au contact de l'air, se condense et forme un fil de soie dont il s'entoure et il finit par disparaître sous cette enveloppe si épaisse et si serrée que le moindre air ne peut y pénétrer. Il emploie trois jours à confectionner son cocon dans lequel il s'est constitué lui-même prisonnier. Vingt jours après apparaissent des papillons blancs (troisième métamorphose). D'où viennent-ils ? En examinant avec soin le cocon, on aperçoit à l'une de ses extrémités une ouverture ronde par laquelle ils sont sortis. Mais ouvrons notre cocon pour y trouver notre ver qui s'y était renfermé. O surprise ! Il n'y est plus. Qu'est-il devenu ? il s'en sera probablement échappé ; il n'en est rien. En effet, on découvre dans le cocon les débris de sa peau et de sa tête qu'il a laissés dans le cocon qui devait lui servir de tombeau.

Voilà donc un petit ver presque imperceptible à sa naissance, qui s'est converti en un papillon de la grosseur de l'hanneton. Comment s'est opérée une chose si merveilleuse? c'est le secret de la nature. Par instinct le ver à soie est prévenu de sa fin prochaine qui arrivera lorsqu'il aura cessé de filer. On croirait qu'il choisit de préférence à se métamorphoser en papillon pour aller rejoindre ses frères qu'il a perdus, lorsqu'il a monté à la bruyère, dans un autre monde parmi les fleurs qui ne se fanent jamais et parmi les mûriers toujours verts. A peine sorti du cocon il croit s'envoler immédiatement à l'aide des aîles dont il s'est muni ; mais, hélas! il ne peut s'en servir ; ses souffrances ne sont pas encore terminées, il est condamné à vivre pendant vingt jours sans prendre aucune nourriture; la nature exige encore de lui un sacrifice avant d'obtenir sa délivrance.

On voit alors les mâles battre des ailes avec ardeur en appercevant les femelles, courir à leur rencontre, faire la roue devant elles et finir par s'accoupler durant neuf heures et quelquefois plus longtemps, après quoi ils se séparent. alors la femelle pond des œufs fécondés et disséminés comme les étoiles du firmament sur de l'étoffe ou sur du papier. L'heure fatale vient de sonner, car la nature est satisfaite ; tout est consommé et il peut dire : *aliis inserviendo consumor*, je me consume pour l'utilité des autres. Désormais il ne lui reste plus qu'à s'étioler et à s'éteindre après une fiévreuse agonie. Si la vie du ver à soie est si courte, la nature du moins lui a donné en compensation le pouvoir de se multiplier à l'infini (1).

Pauvres vers à soie ! il y a peu de cœurs sensibles qui déplorent votre triste sort. Pourvu que la coquette soit revêtue d'une robe de soie somptueuse à l'aide de laquelle elle puisse plaire, peu lui importe de connaître les tribulations de la chenille qui a rendu

(1) Une femelle pond de 150 à 200 œufs.

par la bouche des filets d'or. Ses mains délicates n'oseraient pas vous toucher, comme si vous étiez des insectes méchants ou venimeux.

Le ver à soie est très-propre ; sa peau est lisse et non hérissée de poils comme les autres chenilles ; il a l'odorat très-fin et un naturel très-doux ; n'ayez crainte qu'il cherche à piquer la main qui le tiendra ainsi que le font d'autres insectes. Ils vivent entre eux dans une parfaite union, jamais ils ne se poursuivent les uns les autres. Si plusieurs se rencontrent à manger la même feuille de mûrier, chacun trouvera à se placer sans déranger les autres. Lorsqu'ils ont fini leur repas ils se reposent en tenant la partie supérieure du corps suspendue, la tête en l'air. A les voir dans cette posture on croirait qu'ils sont agenouillés et qu'ils invoquent la nature pour leur donner la force de supporter les épreuves qui les attendent, reconnaissant ainsi que pour eux le bonheur n'est point parmi les feuilles qu'on leur offre comme appas. S'il n'y avait pas quelque chose de mystérieux dans cette position, pourquoi n'emploient-ils pas les mêmes moyens que les chenilles pour se procurer du repos, puisqu'ils appartiennent par leur genre à l'espèce des chenilles?

On les voit aussi se former en groupes en se plaçant les uns sur les autres, et, chose étonnante, on en voit des gros affecter d'avoir à leur coté des plus petits qu'eux. Tout cela dénote chez le ver à soie un instinct d'amitié que l'on ne rencontre que chez les abeilles.

Ceux ou celles qui s'adonnent à leur éducation y trouvent, non-seulement le sujet de graves réflexions, mais encore un charme qui plaît d'autant plus que chaque détail qu'ils observent est enveloppé de mystères. PONCER.

CHAPITRE II.

Comment connaître lorsque les vers à soie sont malades.

Le procédé est fort simple, il ne s'agit que d'observer journellement l'espèce d'éperon qui est placé sur le dernier anneau du ver près de la queue; s'il est droit, la santé du ver est bonne; s'il est recourbé, c'est signe de maladie : en ce cas, il faut examiner soigneusement sa tête et ses pattes et l'on connaîtra la nature de la maladie dont il est atteint.

CHAPITRE III.

Des maladies — leurs dénominations — leurs symptômes.

Les vers à soie ont quatre maladies principales : la première commence ordinairement neuf ou dix jours après leur naissance, et quelquefois quatre ou cinq jours plus tard lorsque le temps est froid. Les autres maladies leur viennent communément de sept en sept jours, ce qui peut cependant être avancé d'un jour si l'air de la chambre est chaud, ou retardé de deux ou trois jours si l'air est trop froid. (*Précis d'éducation sur les vers à soie par Charvet*, 1791. — *Annonay, de l'imprimerie d'Agard.*)

La Mue. — Les marques de cette maladie sont toujours les mêmes. Les vers s'enflent un peu, leur tête surtout, et deviennent luisants, froids et raides. Ils cessent de marcher et de manger, restent dans cet état pendant vingt-quatre heures, quelquefois jusqu'à quarante, et ils se dépouillent ensuite de leur peau.

Lors de cette maladie, on en voit souvent se réfugier sous les feuilles de mûrier, ne laissant en dehors que leur tête. Ils restent dans cette position sans prendre nourriture jusqu'à ce qu'ils se soient dépouillés de leur peau. Nous avons remarqué que ceux-là reprenaient leur vigueur, tandis que ceux qui restent mêlés avec les autres, succombaient plus facilement à cette opération.

On reconnaît ceux qui sont sortis de maladie en ce qu'ils sont plus roux que les autres et qu'ils ont le museau plus large, qu'ils tournent dans tous les sens et qu'ils se dirigent du côté de la claie. (*V. Instruction sommaire sur la manière de cultiver les mûriers et d'élever les vers à soie, imprimé par ordre de M. l'intendant de Lyon. — Lyon, chez Aimé*

Delaroche, imprimeur du gouvernement et de la ville, 1755.)

La Touffe. — Elle provient de deux causes : du froid et de la chaleur.

Un froid de neuf à treize degrés empêche les vers de muer et de se dépouiller de leur fourreau qui est tout d'une pièce, le froid le resserre et condense une humeur visqueuse ou gluante qui le colle sur leur corps. (*V. Mémoire pour servir à la culture des mûriers et à l'éducation des vers à soie.— Poitiers, chez Jean Faulcon, l'aîné, imprimeur du roi*, 1754.)

Une trop grande chaleur dans l'atelier peut occasionner la mort des vers, c'est ce qu'on appelle *la touffe*. (*V. Dictionnaire d'histoire naturelle* au mot *Bombyx Cinthie.*)

Une autre cause occasionne cette maladie. Les feuilles de mûrier, qui ont une sécrétion gommeuse, un peu âcre, procurent aux vers une purgation qui les rend faibles et languissants. Elle s'oppose à leur transpiration et au moment de la mue ils sont si faibles qu'ils ne peuvent quitter leur peau. Dès qu'on s'aperçoit que les excréments des vers sont liquides, il faut renouveler l'air, changer la litière et la remplacer par de la feuille d'une autre qualité. Si on était dans l'impossibilité de s'en procurer, on lavera les feuilles à donner aux vers avec de l'eau pour dissoudre et entraîner le mielleux qui les couvre ; on les étendra sur un linge pour les faire sécher (ou sur une feuille de papier buvard), et on ne devra les présenter aux vers qu'après s'être assuré qu'elles sont bien sèches. (CHARVET.)

Le Gras. — Cette maladie se déclare lorsqu'on donne aux vers des feuilles cultivées sur un terrain marécageux, dans des basse-cours trop ombragées, auprès des tas (amas) de fumier, ou encore des feuilles mouillées par la rosée ou par la pluie, parce que ces divers genres de feuilles contiennent des sels trop nourrissants et renferment une trop grande quantité de parties aqueuses. (CHARVET).

L'hydropisie. — Elle provient des mûres attachées aux tiges des feuilles. Lorsque les vers en mangent, leur tête et leur col s'enflent prodigieusement. Leur couleur naturellement blanche prend une teinte de violet plus ou moins foncée, et lorsque les vers se sont repus des mûres, ils ne tardent pas à mourir quelques heures après. Sans doute que le sirop contenu dans le fruit du mûrier est d'une consistance trop épaisse et qu'il ne peut passer par les voies de la nutrition, ce qui occasionne l'hydropisie et la mort.

L'hydropisie provient aussi de l'emploi des feuilles de mûriers cultivés dans des terrains trop forts, parce qu'elles sont trop nourrissantes, fermentent plus facilement et occasionnent ainsi aux vers des indigestions suivies de la mort (CHARVET).

La Clairette. — Les vers qu'on

aura trop pressés dans leur couvée, en leur donnant une chaleur plus graduée, font connaître leur état par une couleur rousse, qui est celle de la peau dépilée, tandis que les vers éclos avec les précautions nécessaires ont une couleur presque noire et légèrement azurée. La maladie qu'occasionne cette incubation est connue sous le nom de clairette (aujourd'hui la Pébrine).

Quand cette maladie les attaque aux premières mues, ils périssent de bonne heure, leur corps s'allonge, s'affaiblit, et l'animal se fond pour ainsi dire, ne laissant autour des tables que sa peau molasse et putride. Si elle se déclare à la 4e mue, on les voit courir pour manger et s'arrêter en élevant leurs têtes avec un certain tremblement; souvent ils montent aux bruyères, mais lorsqu'ils y sont grimpés ils s'accrochent avec leurs jambes de derrière et se laissent pendre la tête en bas. Alors toute l'humeur *hydropistique* tombe dans la tête ; le reste du corps ne ressemble plus qu'à un sac plein d'eau qui se corrompt bientôt et devient presque noir. En ce cas, il faut les ôter de suite des bruyères, parce que, venant à tomber, ils tachent les cocons qui se trouvent placés au-dessous d'eux ; on les transportera ensuite hors de la chambre pour être jetés au feu, de crainte que l'odeur de leur corruption ne se communique comme un virus aux vers qui n'auraient pas encore été atteints de la maladie (CHARVET).

S'il arrivait que des vers eussent été salis par l'eau séreuse dont ceux qui ont monté les premiers se vident avant de travailler ; comme ces vers, ainsi salis, deviennent engourdis, ont la peau dure et n'ont point assez de flexibilité pour monter et se retourner pour former leurs cocons, il faut les mettre dans un baquet rempli d'eau et les laver ; on les fait ensuite sécher au soleil et ensuite on les place dans les cabanes, ils montent alors diligemment sur les rameaux. (V. *Instructions sur les vers à soie. — Ut supra.*)

La Luisette ou Dragée. — Les vers deviennent d'un rouge clair, ensuite d'un blanc sale ; ils ont le corps transparent et laissent tomber par leurs filières une goutte d'eau visqueuse, ce qui ne les empêche pas de consommer la feuille comme les autres vers.

Il est à présumer que cette maladie provient d'un vice de constitution. Il suffit d'avoir retardé d'une heure le repas habituel du ver ou d'en avoir diminué la quantité ordinaire pour engendrer cette maladie. Il est encore probable que ces vers ainsi attaqués sont nés d'un accouplement répété deux fois par des mâles ; car on a reconnu que ceux de ce genre ne pouvaient vivre au delà de la 3e mue (Charvet).

CHAPITRE IV.

D'où provient la maladie de la muscardine. Nouvelle découverte. — Preuves. — Procédé pour les combattre.

En 1806 et 1807, le docteur Nyston fut envoyé à Valence (Drôme), pour rechercher, entr'autres, le principe de la muscardine. Il fit avec soin de nombreuses expériences, mais il ne put déterminer d'une manière satisfaisante ni la cause du mal ni le remède à lui opposer. (*V. Recherches sur les maladies des vers à soie et les moyens de les prévenir, par S. H. Nyston. — Paris, de l'imprimerie Impériale.*)

Depuis lors, des éducateurs et des savants se sont occupés avec zèle de cette matière ; de bonnes théories ont été publiées, mais la pratique n'a pas répondu jusqu'à ce jour aux espérances conçues.

Quoique les causes de cette maladie soient profondément cachées, nous pensons être sur ses traces. Voici ce que nous avons découvert sur une récolte de 1867, en faisant des études et des recherches.

Les papillons, en sortant des cocons, rendent, comme on sait, une matière visqueuse, tantôt couleur d'urine jumenteuse, ou transparente comme l'eau, ou jaunâtre. Or nous avons remarqué que la plupart la lancent comme une fusée ; elle se dépose en globules sur le papier et sur les ailes des autres papillons. Peu d'instants après, il se forme sur l'emplacement de ces globules une tache noire, couleur de la suie, puis elle disparait, et l'on observe sur le corps du papillon une plaque unie qui a enlevé le poil ; elle s'agrandit insensiblement et se prolonge vers la queue du papillon et reprend une couleur noire que le papillon conserve jusqu'à sa mort. Faute d'un microscope, nous n'avons pu examiner si ces globules étaient contagieux. Pour nous en assurer, nous avons accouplé un mâle, portant sur son aile la tache noire, à une femelle qui était saine et vigoureuse. Durant l'accouplement, nous vîmes avec surprise apparaître tout-à-coup sur son aile ladite tache ; nous répétâmes la même opération sur d'autres papillons choisis dans les mêmes conditions, elle donna le même résultat.

En outre, nous avons découvert que les papillons, quelque temps après leur accouplement, avaient sur l'avant-dernier anneau vers la queue, un bouton de la grosseur d'une tête d'épingle. En pressant légèrement leur abdomen il en sortit une matière jaunâtre comme du pus.

Dès lors, plus de doutes que les globules et les boutons en question étaient un virus contagieux, d'autant plus dangereux qu'il se développe avec une grande rapidité, et j'en ai tiré la conclusion qu'ils étaient les symptômes précurseurs de la muscardine, et à en juger par leur couleur, j'ai pensé que cette maladie était causée par une *acrimonie de sang;* je vais le démontrer.

M. Victor Audouin explique que la muscardine est une végétation cryptogamique qui se forme dans le *tissu graisseux* du ver à soie.

M. le docteur Chavanne, professeur de zoologie à l'académie de Lausanne, dans son ouvrage sur les *Maladies des vers à soie* (Genève 1862), rapporte au sujet de la muscardine que l'abdomen des papillons malades est gorgé *d'un sang jumenteux*.

En Bulgarie et en Valachie, les éducateurs donnent à leurs vers, pendant les deux premiers jours de leur naissance, de la laitue.

Or cette plante a la vertu de rafraichir et d'adoucir *l'âcreté du sang.*

On remarque que les vers du Japon ne se dégorgent pas comme ceux du pays, lorsqu'ils se disposent à faire leurs cocons, et que les papillons rendent moins d'urine colorante et salissent fort peu leurs cocons. A quoi attribuer cette différence? sinon à la pureté du sang.

Il a aussi été constaté que les vers élevés à l'état naturel présentaient moins de cas de muscardine que ceux qui étaient chauffés.

Pour terminer, citons un exemple. J'ai connu, en 1836, un cultivateur de l'Ardèche, qui était parvenu à élever des vers à soie jusqu'au 4e âge, et en avait conçu les plus grandes espérances, lorsque, par un temps de chaleur excessive, ils furent tout à coup atteints de maladie. Dans un moment de désespoir, il les fit transporter, avec la litière, dans sa basse-cour. Durant la nuit, survint une pluie d'orage. Le lendemain matin, son voisin, voyant que plusieurs de ces vers faisaient du mouvement, obtint du cultivateur de les emporter. Il en prit soin, la maladie n'eut pas de suite, et il récolta de beaux cocons. Ce changement subit ne démontre-t-il pas que la maladie de ces vers provenait d'une trop grande chaleur, et que la pluie qui survint rafraichit l'acreté de leur sang? on ne pourrait l'attribuer à d'autres causes.

Ces explications fournies, reste cette question. D'où provient l'acrimonie du sang ci-dessus signalée ?

Elle provient d'une éclosion forcée et irrégulière ; d'un chauffage trop précipité ; de l'état continuel d'accroupissement des vers et de la malpropreté des chambrées. Nous ne parlerons que de ces deux derniers articles.

Parlons d'une cause qui m'a frappé, et à laquelle les éducateurs ne prennent pas garde. Pourquoi élève-t-on les vers toujours accroupis sur les claies ou sur les tables? Où en est la nécessité quand ils ne sont pas malades? Si nous observons les chenilles, les fourmis, les abeilles, on les voit courir de branche en branche, pour chercher leur nourriture. A-t-on jamais signalé des maladies parmi ces insectes? Pourquoi les vers à soie, qui appartiennent à un genre de chenille, ne feraient-ils pas usage des pattes dont la nature les a pourvus? D'ailleurs l'état permanent d'accroupissement ne peut que leur être nuisible. En effet, ils sont entassés les uns sur les autres ; ils respirent les miasmes produits par la fermentation des feuilles, par les *détritus* de peaux qu'ils y déposent, et par leurs excréments. Tout cela les excite à devenir mous et paresseux. C'est pourquoi on en voit beaucoup trouver plus commode de faire leurs cocons sur le bord des claies ou des tables, quoiqu'ils aient les bruyères à leur disposition. Ainsi il résulte de cet état sédentaire que leur sang devient trop épais, et, chose à remarquer, c'est que pour donner de la souplesse à leur corps lorsqu'ils vont tisser leurs cocons, ils sont souvent obligés de se vider des matières visqueuses qui les incommodent.

Autre cause qui peut occasionner le développement de la muscardine, c'est de tenir la feuille de mûrier dans des caves trop humides et étendues sur le sol.

Au bout de deux jours, et principalement lorsque la mûre est formée, les feuilles contractent une odeur de moisissure, laquelle est de nature à contribuer à l'introduction de l'oidium ; on donne ensuite ces feuilles à manger, en y laissant les fruits qui, par leur goût mielleux, attirent le ver et le rendent hydropique. C'est ainsi que soi-même on propage les maladies, et puis l'on dira qu'elles sont *dans l'air*. Etendez vos feuilles sur des filets attachés en forme de hamac à la voûte des caves, un air pur circulera parmi les feuilles sans nuire à leur fraîcheur, secouez les filets et le fruit du mûrier s'en détachera, et tombera sur le sol.

Enfin il existe une autre cause. Chez la plupart des petits éducateurs, on a l'habitude, après le décoconnage, de laisser adaptés aux rayons et aux bruyères, des débris de bourre de soie, empreints des matières sanguinolantes produites par les papillons, et qui se sont séchées. Ensuite on ferme l'atelier jusqu'au printemps suivant.

C'est ainsi que les miasmes qui s'exhalent de ces débris, se concentrent et forment un air azoté dans la chambrée. Au printemps, on y installe les vers nouveaux-nés, et puis, quand arrive le 4e âge, on les voit tout à coup tomber malades, et périr au grand étonnement des éducateurs et malgré tons les soins possibles. Il convient donc, pour parer à cet inconvénient, de laver soigneusement, non-seulement les tables, les boiseries, mais encore le plancher, et de jeter au feu les bruyères, au lieu de les faire servir une seconde fois comme cela se pratique.

Procédé pour combattre les

maladies. — M. de Boullenois, dans son livre, *Conseil aux nouveaux éducatenrs, Paris* 1851, *page* 162, s'exprime ainsi :

« Quand la muscardine, ou tout autre maladie contagieuse se déclare dans un atelier, on ne peut guère espérer de guérir des vers malades ; d'abord tous les remèdes indiqués jusqu'à ce jour, ne sont que des procédés empiriques ou des remèdes de bonne femme, qui n'ont aucune espèce de chance de succès ; ensuite, comment mettre en traitement des vers à soie, et leur faire prendre telle ou telle potion. Il n'y a qu'une chose à faire en se débarrassant au plus vite des cadavres, afin d'empêcher toute contagion. »

Certes la conclusion de M. de

Boullenois n'était pas de nature à nous engager à nous livrer à la découverte d'un moyen pour arrêter cette peste séricicole. Néanmoins, depuis plusieurs années, nous avons consacré nos loisirs à faire des études, des essais et des comparaisons sur le ver à soie. Nous l'avons étudié depuis sa naissance jusqu'à sa mort ; nous avons tenu sur la main ces pauvres insectes souffrants, examinant et observant leurs mouvements, leurs convulsions, leur agonie, en ayant soin de transcrire sur un registre le résultat de nos remarques. Nous eûmes le bonheur, du moins la consolation de découvrir une eau qui n'était pas d'un empirique, dont l'emploi rendit la vie à des vers malades et immobiles, atteints de la gattine et de la pébrine. Cet essai nous donna l'espoir que les maladies des vers n'étaient pas incurables, mais ici se présenta pour moi un obstacle. Comment avec cette eau pouvoir opérer sur une vaste échelle dans un atelier ? D'ailleurs le ver à soie n'aime pas à être mouillé. Alors nous avons redoublé de zèle et de patience et nous sommes parvenus à découvrir une poudre que l'on répand sur les claies et qui n'est nullement nuisible aux vers; avec ce procédé nous avons arrêté les tâches noires ou plutôt leur développement que nous avons signalé sur les papillons ; nous avons arrêté des écoulements verdâtres dont étaient atteints des vers qui avaient commencé leurs cocons, et ils les ont continué dans de bonnes conditions. Nous avons renouvelé ces expériences sur la jaunisse, la muscardine, la gattine et la pébrine ; elles nous ont donné les mêmes résultats. Nous avons l'espoir que le Gouvernement en fera faire des essais qui en constateront les bons effets ; et si notre procédé ne détruit pas complètement les maladies, il en arrêtera du moins le développement, ce qui est déjà un grand point.

CHAPITRE V.

Découverte de la soie.

L'invention de mettre la soie en œuvre fut trouvée en premier lieu par Pamphila dans l'île de Cos en Grèce, où Platis, père de cette princesse, avait été exilé par Maximien l'an 240 de Rome. Cette découverte fut bientôt connue chez les Romains, on leur apporta de la soie du pays de Sères (1) où les vers à soie croissaient naturellement. Les Romains ne purent jamais se persuader que des vers produisaient des fils si précieux et si beaux, ils tirent sur cela mille conjectures chimériques: ce qui rendit chez eux la soie si rare et à si haut prix qu'on la leur vendait

(1) Le véritable nom des vers à soie est *Bombyx serica*, celui qu'il porte lui a été donné parce que c'est du pays des Sères qu'ont été transportés ces insectes, dont on a formé le mot latin *sericica* et en français *sericiculture*. (Note de M. Poncer.)

au poids des perles les plus fines. Par cette raison l'Empereur Aurélien, l'an 368 de Rome, refusa à l'Impératrice, sa femme, une robe de soie qu'elle lui demandait avec instance. Nous devons la manière d'élever les vers à soie à des moines qui en apportèrent des œufs à Patilie, ville de la Grèce, environ l'an 592 sous l'Empereur Justinien. Ce fut Henri II, qui, le premier, (1) porta aux nôces de sa fille et de sa sœur, des bas de soie dans le royaume. *V. Mémoire pour servir à la cul-*

(1) Cependant il paraît que la soie était connue en France du temps de Charlemagne D'après Eginhard, ce roi ne portait en hiver qu'un simple pourpoint de peau de loutre sur une tunique de laine *bordée de soie*; il mettait sur ses épaules un sayon de couleur bleue. (Idem).

ture des mûriers et à l'éducation des vers à soie. — Poitiers, 1754, chez Jean Faulcon, l'aîné, imprimeur du roi.)

Ce n'est que vers la fin du XIIIe siècle que les vers à soie, les mûriers, et successivement la fabrication de quelques étoffes de soie s'introduisirent dans le Comtat Venaissin. Les manufactures de soie n'ont guère été multipliées en France que vers la fin du XVe siècle. Louis XI et Charles VIII, son fils, appelèrent des Grecs, des Italiens, Génois, Vénitiens et Florentins qu'ils établirent à Tours avec des privilèges ; ce qui fait que les Tourangeaux se targuent sur la primauté sur Lyon.

En Suisse, l'art d'élever les vers

à soie y était connu vers la fin du XVIe siècle. On voit dans un compte des revenus de Félix Platter, professeur en médecine à Bâle, qu'en l'année 1593, ses vers à soie lui produisirent 90 livres. de Bâle et la graine 2 liv. 10 sols.

En 1696, on fit à Lausanne, à Nyon, voir même à Vallorbes, pays froid situé sur les frontières de la Bourgogne, des essais de plantations de mûriers qui ne réussirent pas, les causes en sont restées inconnues.

CHAPITRE VI.

Culture du mûrier.

L'introduction des mûriers en France ne remonte qu'aux guerres d'Italie, sous Charles VIII. On croit même que ce furent des gentilshommes Dauphinois, qui, ayant accompagné le roi Charles à Naples, en apportèrent en France les premiers plants, qu'ils se mirent à cultiver dans leurs terres. De leur nombre on cite particulièrement les seigneurs d'Alan et de Villeneuve près Montélimar. C'est là, dit-on, où furent plantés les premiers mûriers en 1494. Avant la Révolution de 89, on montrait encore dans la commune d'Alan, près de la ferme de la Bégude, un de ces arbres ayant près de trois siècles et donnant toujours de la feuille. (*V. Théâtre de l'agriculture, par Olivier de Serres.— Antiquités Dauphinoises, par Pilot, tome* II, *page* 239.)

Ce fut sous le règne d'Henri IV

que la culture du mûrier commença à se répandre dans le royaume : voici en quelle circonstance.

Henri IV, ayant lu le *Théâtre d'agriculture*, *par Olivier de Serres*, désira voir l'auteur d'un si beau traité. Olivier se rendit à Paris, où il fut reçu avec beaucoup d'honneur par le roi. Il l'engagea, malgré l'avis de Sully, à propager dans son royaume la culture du mûrier, de cet arbre *béni de Dieu* comme le disait Olivier. Afin de donner plus d'élan à sa culture ; Henri IV fit convertir le jardin des Tuileries en plantations de mûriers ; bientôt cet exemple se répandit dans les provinces. C'est ainsi qu'Olivier de Serres, notre compatriote, dota la France d'un élément de richesses jusqu'alors très-peu connu.

CHAPITRE VII.

De la régénération du mûrier. — Méthode sur sa plantation.

Outre les maladies des vers à soie, le mûrier, qui est leur unique aliment, est également en souffrance, il ne leur donne plus la substance nutritive qui leur est nécessaire ; car il a été envahi par l'oidium et d'autres maladies.

Ainsi on ne doit pas s'étonner si ces insectes, outre les maladies qui leur sont personnelles, en contractent d'autres au moyen du mûrier. En conséquence trouver un moyen de régénérer cet arbre, c'est contribuer à la diminution de leurs maladies.

On voit souvent des mûriers, âgés de deux ou trois ans, présenter sur leur écorce des cavités d'où s'échappe une matière semblable au marc de café, et l'on voit cet arbre dépérir dans peu de temps. Dans le département de l'Ardèche, voici le moyen employé pour combattre cette maladie. Au commencement du printemps on passe sur la surface du bois une couche d'eau de chaux ; l'année suivante la maladie disparaît, et le mûrier produit de bonnes feuilles.

Pour conserver sa santé et empêcher que la sève ne soit épuisée par la sécheresse ou par les pluies incessantes, ou par l'effet d'un terrain trop humide ou trop gras, quand on a creusé le fossé où il doit être planté, on étend sur la surface une couche de charbon brûlé, dit *braisette.* et réduit en poussière, ou encore des cendres de lessive; on plante l'arbre et l'on recouvre les racines avec cette couche et on y jette au-dessus de la terre ; ces couches de charbon et de terre doivent être répétées. Le charbon, outre la propriété qui lui est propre, a l'avantage d'éloigner les taupes et autres insectes qui rongent sa racine et finissent par faire périr l'arbre. On doit faire souvent cette opération, afin d'entretenir les substances qui maintiennent la sève, et principalement lorsque l'arbre fournit des feuilles jaunâtres ou couvertes de rouille.

Or la plupart des propriétaires font leurs plantations avec des fumiers trop échauffants (1) et souvent ils n'y mettent aucun engrais : de là le dépérissement de l'arbre. On ne prend pas garde que, parmi les végétaux qui éprouvent le plus d'atteintes dans leur constitution, le mûrier doit être cité au premier rang. En effet, par exception, on le dépouille plusieurs fois de sa feuille, ce qui est de nature à affaiblir la sève, et cela d'autant plus qu'il est privé d'engrais qui l'alimentaient jusqu'alors. Quand, au bout de trois

(1) On doit s'abstenir de faire usage du fumier de cheval, parce qu'il tombe facilement en moisissure et est rempli d'insectes parasites.

ou cinq ans, on le voit donner une plus faible quantité de feuilles, ou si elles ne sont pas robustes, il convient de faire des boutures ou des semis; tel est le moyen pour le régénérer.

En 1819, les mûriers subirent une maladie si générale, que la Société d'encouragement proposa un prix de la valeur de 2,000 fr. à celui qui trouverait une substance végétale, soit de feuilles naturelles ou préparées, susceptible de remplacer complétement les feuilles de mûrier pour la nourriture des vers à soie; mais on ne put découvrir ce procédé.

On doit s'abstenir de placer le mûrier dans un terrain bas, humide et marécageux, ou dans des basses-cours où séjournent des fumiers, tandis que sur un terrain léger, élevé et exposé à un vent sec, il donnera une feuille pure, d'un bel éclat, forte et abondante.

Pour le préserver des gelées, il faut le planter parmi d'autres arbres, tels que pins, chênes, acacias, cerisiers, saules et autres arbrisseaux à larges branches, et, s'il se peut, le long des murs, qui le garantiront des gelées. Nous connaissons des plants de mûriers qui, depuis 1846, ont été mis en terre sous ces conditions et qui sont en pleine vigueur, donnant une bonne feuille en abondance.

Il est admis en agriculture que la nature du sol qui convient à la vigne convient aussi au mûrier, mais il ne faut pas pour cela le planter dans un champ de vigne, parce que ses racines, qui s'étendent beaucoup, absorbent, en se développant, les substances alcalines qui alimentent la sève de la vigne.

On doit aussi s'abstenir de planter sur un terrain ensemencé de pommes de terre ou attenant, à cause des influences dangereuses des maladies produites par l'oïdium ou par des insectes accariens, tels que cirons, teignes et mites.

Lorsqu'on soupçonne sur les feuilles du mûrier la présence de l'oïdium, il faut, dès que paraissent les premières feuilles, les asperger avec des cendres de lessive. On les met dans une seringue de jardinier et on les répand sur l'arbre. On doit répéter cette opération au bout de huit jours : cela préserve les feuilles de la maladie.

Voici la nomenclature des mûriers reconnus les meilleurs pour la nourriture des vers à soie.

1° **Le mûrier de Tartarie.** — Il a les feuilles inégalement dentelées et les fruits d'un rouge noirâtre ; ses feuilles sont estimées dans l'Inde pour la nourriture des vers à soie. On les regarde comme plus délicates et plus propres à fournir à ces insectes une plus grande quantité de substances soyeuses. Ses semences proviennent de Bombay (*Linné*).

2° **L'érable russe.** — Il bourgeonne de bonne heure et ne redoute point le froid. Il se greffe et prend très-bien sur le sycomore.

3° **Le mûrier Lhou,** introduit par M. Camille Beauvais.

4° **Le Morus Japonica**, introduit par M. Emile Nourrigat, de Lunel.

5° **Le mûrier nain.** — On le plante pour bordures ou pour haies. Sa feuille est très-hâtive et recherchée pour la nourriture des vers à soie ; on s'en sert depuis le 1er âge jusqu'au 3e (1).

(1) MM. Jacquemet-Bonnefond, pépiniéristes-horticulteurs à Annonay (Ardèche), tiennent un assortiment de mûriers de premier choix et à des prix modérés.

CHAPITRE VIII.

Arrêt du Conseil d'Etat, portant défense d'introduire en France des étoffes de soie venant de l'étranger.—Du 5 juillet 1723.

« Défendons à tous négociants, marchands, colporteurs et autres personnes, de quelles qualités qu'elles soient, d'introduire dans le royaume, faire le commerce, exposer en vente, etc., aucunes étoffes des Indes, de la Chine, de Perse ou du Levant, tant les étoffes de soie pure, que celles mêlées d'or ou d'argent, celles d'écorces d'arbres, laine, fil, poil de chèvre ou coton, satins, taffetas, gazes, et à toutes personnes de porter dans ou dehors leurs maisons ou de faire aucuns habits, vêtements ni meubles desdites étoffes et toiles ; le tout à cause du préjudice apporté aux manufactures établies dans le royaume, etc. »

CHAPITRE IX.

Convoi d'un ver à soie.

Nous avons, au commencement de ce livre, expliqué ce que c'est que le ver à soie, ses métamorphoses et la manière dont il file la soie ; maintenant nous allons faire connaître au lecteur le convoi d'un ver à soie, récit émouvant et intéressant.

Un jour, jour de deuil et de larmes, les papillons conduisaient à sa dernière demeure un de leurs frères qui avait succombé à l'épidémie. Arrivés sur le champ de repos, bordé par des haies de mûriers et couvert de bruyères, une mante vêtue de noir prit la parole en ces termes :

« Frères,

» C'est à leur naissance et non à leur mort qu'il faut pleurer les vers à soie. Vous n'ignorez pas à quels genres de maladies ils sont exposés et auxquelles la plupart succombent. Savez-vous pourquoi ? C'est parce qu'ils ont été éloignés et enlevés de leur pays natal, qu'ils ne reverront jamais. Malgré le chagrin occasionné par cette dure séparation, et grâce au caractère doux qui les distingue, ils n'en remplissent pas moins les obligations que la nature leur a imposées, et cela même au péril de leur vie.

« C'est pourquoi, si notre frère est mort, réjouissez-vous, car il n'a eu de la vie que les fleurs et les feuilles ; en abandonnant la terre, il a quitté toutes les souffrances et n'a perdu que la misère.

« Frères, vous connaissez l'emploi fait par les humains de la soie que nous produisons. Si, pendant la courte durée de notre existence, on nous fournit de la bonne feuille de mûrier et une chaleur bienfaisante dont a besoin notre corps entièrement nu et exposé aux intempéries des climats, ce n'est que par intérêt que ces soins nous sont donnés. Dès que nous avons accompli notre tâche, on nous laisse mourir d'inanition, sans regret.

« Frères, je me trompe, il est encore des cœurs sensibles qui déplorent notre triste sort. Il est des hommes dévoués qui étudient nos maladies, cherchent les moyens de les guérir ; il en est même qui, lorsque nous donnions peu d'espoir et que nous souffrions sans nous plaindre, nous prenaient délicatement dans leurs mains pour nous réchauffer, au lieu de nous jeter avec indifférence dans le corbillard. Ah ! ceux là nous aiment tendrement; c'est pourquoi non seulement je vous dirai de vous réjouir, mais encore de vous consoler. »

Après ce discours les papillons formant le cortége, battirent des ailes en signe de deuil et d'approbation.

Alors un papillon aux ailes étiolées qui annonçaient son âge avancé, se dirigea gravement vers la tombe du défunt et fit l'invocation suivante en langue Chinoise.

« O déesse Loni-Tsée, compagne du grand Hoang-ti, daigne recevoir dans ton palais éclatant de soieries d'or et d'argent, notre frère défunt. Il a fidèlement rempli sa tâche jusqu'au dernier moment, nous te l'attestons; mais, hélas ! son courage n'a pu résister aux atteintes de l'épidémie qui décime nos rangs. Daigne, ô déesse, esprit protecteur des vers à soie et des mûriers, orner sa tête à titre de récompense de cette couronne de fleurs de bruyères que nous déposons sur sa tombe, comme un témoignage de notre affection et de nos regrets. Plaise à sa sublime Majesté d'arrêter le fléau qui pèse sur notre race, en reconnaissance nous produirons, nous te le jurons par Bombyx, de la soie encore plus éclatante, aussi légère que le gaz, afin de t'en préparer un peignoir de toute blancheur, lorsque tu vas prendre ton bain dans la voie lactée. »

Un détachement de grillons, qui avaient été invités à la cérémonie, fit entendre un morceau de mélodie. Après quoi chaque papillon, muni d'une tige de bruyère, alla la déposer sur la tombe, puis tous se dispersèrent en sanglottant sous les rayons de la lune qui avait éclairé cette scène lugubre et attendrissante.

PONCER

CHAPITRE X.

Mélanges.

*
* *

Le fil d'un cocon mesure 360 mètres. Il faudrait 1,111,111 cocons filés, pour mesurer la circonférence de la terre, qui est de 40,000,000 de mètres.

*
* *

30 grammes de graine doivent contenir de 43 à 44.000

œufs, ci	44.000
à déduire le quart pour perte d'œufs qui périssent peu de temps après la naissance des vers .	11.000
Reste . .	33.000

Chaque ver doit manger environ 30 grammes de feuilles, ce qui demande une provision d'environ 1.000 kil. de feuilles.

*
* *

Dans une entreprise de vers à soie, on estime que le produit est bon, lorsque 30 grammes de graine ont rendu 41 kil. de cocons et 4 kil. de soie grège. On croit que la soie qu'on obtient n'est que le quatorzième du poids des feuilles de mûriers consommées.

La soie d'un cocon pèse 15 centigrammes environ.

*
* *

La graine de vers à soie se

vend les 30 grammes de 25 a 30 fr. suivant l'espèce.

*
* *

5 kil. de cocons rendent à la bassine 1 kil. de soie.

*
* *

Un demi kil. de cocons doit donner au moins 30 grammes de graine bien pondue.

TABLE DES MATIÈRES

Typ. H. Damelet, à Lons-le-Saunier (Jura). 1616-67

www.ingramcontent.com/pod-product-compliance
Ingram Content Group UK Ltd.
Pitfield, Milton Keynes, MK11 3LW, UK
UKHW022120260726
13993UKWH00003B/1141

9 782329 303642